Gestion de la chaleur rés‍   ndu

                                                                           s

Levi Kulundu

Gestion de la chaleur résiduelle dans les centrales géothermiques

ScienciaScripts

Imprint
Any brand names and product names mentioned in this book are subject to trademark, brand or patent protection and are trademarks or registered trademarks of their respective holders. The use of brand names, product names, common names, trade names, product descriptions etc. even without a particular marking in this work is in no way to be construed to mean that such names may be regarded as unrestricted in respect of trademark and brand protection legislation and could thus be used by anyone.

Cover image: www.ingimage.com

This book is a translation from the original published under ISBN 978-3-330-08481-0.

Publisher:
Sciencia Scripts
is a trademark of
Dodo Books Indian Ocean Ltd. and OmniScriptum S.R.L publishing group

120 High Road, East Finchley, London, N2 9ED, United Kingdom
Str. Armeneasca 28/1, office 1, Chisinau MD-2012, Republic of Moldova, Europe

ISBN: 978-620-7-30853-8

TABLE DES MATIÈRES

RÉSUMÉ

Mots clés

Alliage multiferroïque, phase martensitique, phase austénitique.

L'objectif de cette recherche est de concevoir un alliage multiferroïque (Ni45Co5Mn40Sn10) qui utilise la chaleur résiduelle des centrales géothermiques non commerciales pour développer l'énergie verte. L'alliage est entouré de bobines judicieusement placées, puis placé à côté d'un aimant permanent. Dans cette conception, la vapeur provenant du puits est utilisée pour chauffer un alliage multiferroïque. L'alliage subit alors une transformation de phase martensitique réversible du premier ordre, passant de la martensite à basse température à l'austénite à haute température. La phase martensitique est non ferromagnétique tandis que la phase austénitique est hautement ferromagnétique. Le champ magnétique de l'alliage augmente rapidement lorsqu'il est chauffé. La fluctuation extrême du champ magnétique qui traverse la bobine lorsque l'alliage passe de la phase non ferromagnétique à la phase ferromagnétique induit une force électromotrice dans la bobine (loi de Faradays).Le refroidissement de l'alliage dans l'air par convection et conduction naturelles induit une force électromotrice de polarité opposée dans la bobine. Le chauffage et le refroidissement successifs de l'alliage permettent de produire de l'énergie en continu. La transformation martensitique est extrêmement rapide en raison de la faible hystérésis magnétique, de l'absence de diffusion et de la présence d'un mode de transformation à faible énergie entre la phase martensitique et la phase austénitique. La vitesse de transformation de l'interface dans l'alliage tend vers la vitesse de la lumière dans un matériau. La transformation rapide de la phase martensitique entraîne la production d'électricité à haute fréquence. La fréquence de production d'électricité est encore augmentée par la présence de plusieurs tours de bobine autour de l'aimant. L'aimant est placé de telle sorte que ses champs produisent plusieurs phases de courant dans les bobines. Le processus de chauffage est réalisé par le transfert de chaleur par convection de la vapeur à l'alliage. Le processus de refroidissement s'effectue par transfert de chaleur de l'alliage à l'atmosphère par convection et conduction naturelles. Le chauffage et le refroidissement périodiques de l'alliage induisent un courant alternatif dans la bobine. La température de l'alliage variera entre la température critique supérieure et la température critique inférieure afin d'obtenir une production d'énergie continue. Un modèle optimisé pour le chauffage et le refroidissement de l'alliage à une fréquence prédéterminée permet une production d'énergie régulière et continue grâce à un flux de vapeur contrôlé dans l'alliage.

Le projet vise à produire 15 MW d'électricité à partir de puits géothermiques non commerciaux au cours de la première phase de mise en œuvre du projet. Cela permettra d'élargir les moteurs économiques des pays en développement et des pays industrialisés grâce à une production d'électricité accrue et régulière à partir de puits géothermiques qui sont actuellement improductifs.

CHAPITRE 1
1.1 INTRODUCTION

Cette recherche porte sur l'exploration d'un alliage spécial (Ni45Co5Mn40Sn10) pour convertir en électricité la chaleur résiduelle des puits géothermiques non commerciaux. L'alliage utilise la chaleur des puits géothermiques non commerciaux. Dans cette conception, la chaleur résiduelle est directement convertie en électricité à l'aide d'alliages multiferroïques, ce qui permet d'augmenter la production d'énergie et l'efficacité et d'éliminer le besoin d'échangeurs de chaleur avant de recycler la vapeur.L'alliage multiferroïque (Ni45Co5Mn40Sn10) est composé de nickel, de cobalt, de manganèse et d'étain. L'alliage subit une transformation de phase réversible d'une phase martensitique non magnétique à une phase d'austénite fortement ferromagnétique lorsqu'il est chauffé. Lorsqu'il est polarisé par un aimant permanent, tel qu'un aimant de terre rare, puis chauffé, le changement de phase de la martensite, qui est non magnétique, à l'austénite, qui est magnétique, provoque une augmentation soudaine du moment magnétique qui entraîne un courant dans le circuit environnant, en conséquence de la loi de Faraday. L'alliage subit une transformation de phase réversible à faible hystérésis et peut être utilisé même à de faibles changements de température tels que 10 Kelvins.

1.2 ÉNONCÉ DU PROBLÈME

Il y a d'énormes pertes d'énergie thermique dans les puits géothermiques non commerciaux actuels, ce qui conduit à la conversion des puits en puits de réinjection ou en puits rejetés. Cela est dû à un volume de vapeur inadéquat dans le puits pour faire tourner efficacement les turbines, ce qui entraîne une faible production d'énergie. Ce document de recherche montre comment un alliage multiferroïque peut être utilisé pour convertir directement la chaleur de la vapeur en électricité sans avoir à faire tourner les turbines. Cela améliorera la production d'énergie ainsi que l'efficacité de la production d'énergie en utilisant la chaleur de la vapeur provenant des puits.

1.3 OBJECTIFS DE LA RECHERCHE

1. Développer l'énergie verte à partir de la chaleur résiduelle des centrales géothermiques non commerciales par la conversion directe de la chaleur en électricité à l'aide d'alliages multiferroïques.

2. Comparer d'autres techniques de conversion de la chaleur en électricité avec le dispositif en alliage multiferroïque.

3. Améliorer l'efficacité globale de la production d'énergie dans le cadre de la production d'énergie géothermique

4. Augmenter la production d'énergie des centrales géothermiques

5.   Développer des moteurs économiques potentiellement larges et un leadership technologique visant à diversifier les techniques de production d'électricité.

1.4 HYPOTHÈSE DE RECHERCHE

1.   L'alliage multiferroïque sera capable de convertir la chaleur résiduelle en électricité à un coût économiquement viable et justifiable pour le projet.

2.   La température de la vapeur sortant du puits est supérieure à 100 C^0

3.   La production globale d'énergie et l'efficacité de la production d'électricité seront améliorées.

1.5 CHAMP D'APPLICATION DE LA RECHERCHE

Utilisation de la chaleur résiduelle de la vapeur provenant de puits géothermiques non commerciaux pour produire de l'électricité grâce à l'utilisation d'alliages multiferroïques au Kenya. La recherche s'est principalement concentrée sur la vapeur sortant des puits à une température comprise entre 100^0 C et 170 $C.^0$

1.6 LIMITES DE LA RECHERCHE

1.   Contrainte de temps - Je disposais d'un temps limité de six mois pour mener à bien cette recherche.

2.   Des fonds et des installations inadéquats pour réaliser toutes les expériences de laboratoire nécessaires,

la réalisation des prototypes et des modèles pour le projet de recherche.

1.7 DÉLIMITATIONS

J'ai utilisé des techniques de simulation informatique et de modélisation

pour les différents aspects du projet pour lesquels les prototypes et les

expériences réelles étaient trop coûteux à réaliser. Cela a permis de gagner

du temps et de réduire le coût de la recherche.

2.1 ANALYSE DOCUMENTAIRE
2.2 Introduction

Les recherches menées par les chercheurs en ingénierie de l'université du Minnesota ont permis de découvrir un alliage unique (alliage multiferroïque) qui est à la fois fortement ferromagnétique dans une phase et non ferromagnétique dans une autre phase. Le matériau subit une transformation de phase, mais sans diffusion et avec un changement abrupt des paramètres du réseau. L'alliage $Ni45Co5Mn40Sn10$ présente une phase austénitique fortement ferromagnétique, avec une magnétisation proche de celle du fer, et une phase martensitique non ferromagnétique. Ce matériau est adapté à la conversion de l'énergie en raison de

- Absence de diffusion

- Présence d'un mode de transformation à basse énergie entre les réseaux cristallins (basse énergie).

hystérésis)

- Réversibilité des transformations

- Absence d'autres processus de relaxation

Ces alliages multiferroïques présentent des transformations de phase hautement réversibles avec un changement des paramètres du réseau. Cela implique la présence de contraintes dans la couche de transition entre les interfaces austénite/martensite. Les contraintes peuvent provoquer des dislocations et d'autres défauts susceptibles d'entraîner une hystérésis thermique, une migration des températures de transformation ou une défaillance. L'alliage utilisé pour la conversion d'énergie est toutefois fabriqué selon une stratégie qui améliore la réversibilité de la transformation de phase et réduit l'hystérésis.

Dans les récents programmes de développement d'alliages réalisés par des méthodes de synthèse combinatoire, l'hystérésis thermique des transformations de phase a été ramenée de 30^0 à moins de 6 c.^{0}

Les graphiques décrivant les diverses propriétés d'aimantation du Ni45Co5Mn40Sn10 sous l'influence de diverses variables telles que la température et le champ (Tesla) sont présentés ci-dessous dans la **figure 1.**

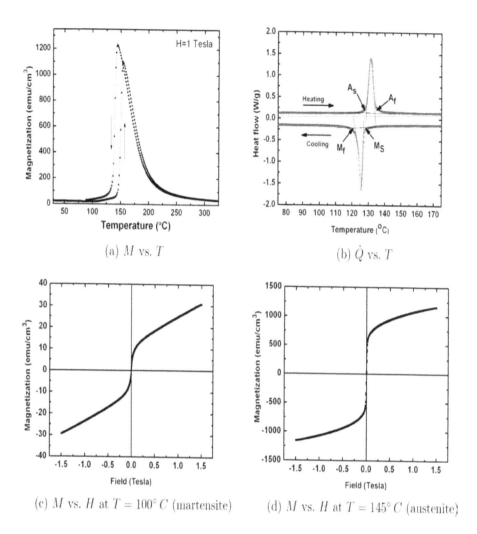

(a) M vs. T

(b) $\dot{Q}$ vs. T

(c) M vs. H at $T = 100°C$ (martensite)

(d) M vs. H at $T = 145°C$ (austenite)

(Institut américain de physique)

Figure
1.
a) Graphique de l'aimantation en fonction de la température
sous un champ d'un Tesla

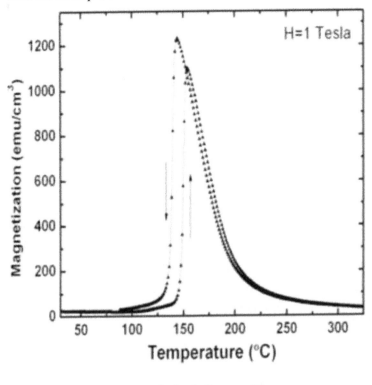

(a) M vs. T

^{b)} Graphique du flux de chaleur en fonction de la température

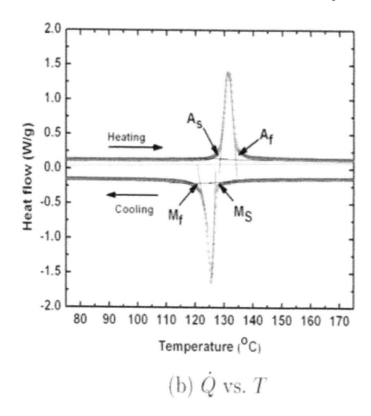

(b) $\dot{Q}$ vs. T

c) Graphique de l'aimantation en fonction du champ
dans la phase martensite

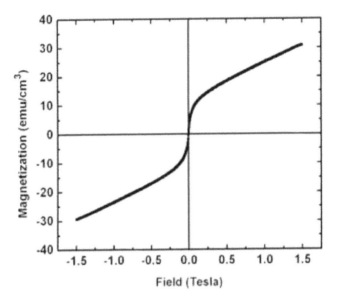

(c) M vs. H at $T = 100°C$ (martensite)

d) Graphique de l'aimantation en fonction du champ dans la phase austénitique.

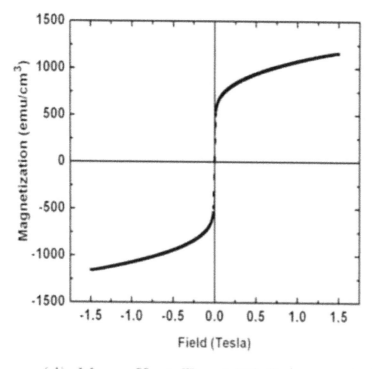

(d) M vs. H at $T = 145°C$ (austenite)

D'après la **figure 1a,** la transformation de phase lors du chauffage sous un champ de 1 T augmente l'aimantation de moins de 10 emu/cm^3 dans la phase martensite à plus de 1100 emu/cm^3 dans la phase austénite. La **figure 1c** montre une structure inhomogène contenant une petite fraction de particules ferromagnétiques dans une matrice non ferromagnétique. L'hystérésis thermique mesurée par calorimétrie dans la **figure 1b** est de As- Mf = 6^0 C et la chaleur latente est de 16,5 J/g. D'après les courbes obtenues, il n'y a pas de rémanence ni de coercivité, ce qui implique que les changements d'aimantation ont contribué à des pertes négligeables pour l'appareil. Un aimant permanent tel qu'une terre rare est nécessaire pour polariser le matériau afin d'obtenir un échantillon uniformément magnétisé lors du chauffage à l'austénite.

2.2 Comparaison entre l'alliage multiferroïque et l'alliage Matériaux thermoélectriques

Les matériaux thermoélectriques sont l'autre option prometteuse qui convertit directement la chaleur en électricité. Il s'agit d'utiliser l'effet de recul pour produire directement de l'électricité à partir d'un gradient de température. Ils produisent également de l'électricité sans pièces mobiles. Cependant, la tension de sortie prévue pour un alliage multiferroïque optimisé est comparable à celle d'un bon matériau thermoélectrique. La densité de puissance prévue pour l'alliage est plus élevée que celle des matériaux thermoélectriques à haut rendement. La thermoélectricité utilise une différence de température plus élevée que les alliages multiferroïques, ce qui rend nécessaire leur comparaison. En comparant les deux dispositifs, une différence de température de 10^0 C a été utilisée pour soutenir le premier pic pour les alliages multiferroïques.

qui est sa valeur de transformation de phase.

La tension de sortie de la thermoélectricité est donnée par son coefficient de see beck. Bi2Te3 a un coefficient de seebeck de -230μ V/k. Le thermocouple standard ayant le meilleur coefficient seebeck est le Chromel-Constantan avec 60μ V/k. Pour une différence de température de 10K, la tension de sortie est de 2,3mV pour le Bi2Te3 et de 0,6VmV pour le

Chromel-Constantan. Le TG 12-8, qui est un générateur thermoélectrique optimisé développé par Marlow industries, a une densité de puissance de 1,83 x

10^6 erg/cm^3 s. La densité d'énergie la plus élevée mesurée dans le récent générateur thermoélectrique était de 2,5 x 10^6 erg/cm^3 s. À une échelle proportionnelle de 10^0 C, cela se traduit par 1,4 x 10^5 erg/cm s.[3]

2.3 Autres méthodes de conversion directe de la chaleur en électricité

Le tableau ci-dessous montre comment diverses transformations de phase peuvent avoir lieu dans un matériau, entraînant ainsi une modification de ses propriétés telles que le magnétisme, la conductivité électrique, la permittivité ou l'anisotropie. Le matériau peut alors être convenablement polarisé par un aimant permanent ou un condensateur afin de générer de l'électricité sur une bobine externe, conformément à la loi de Faraday ou d'Ohm, comme le montre le **tableau 1.**

N	Phase 1	Phase 2	Biais et production d'électricité
1	Ferromagnétique	Non magnétique	polarisation par un aimant permanent ; externe
2	Ferroélectrique	Non ferroélectrique	Polarisation par un condensateur ; polarisation-
3	Ferromagnétique ; haute nisotropie	Ferromagnétique ; ow anisotropie	Biais par un aimant permanent, champ magnétique intermédiaire ; bobine externe.
4	Ferroélectrique ; élevé >ermittivité	Ferroélectrique ; faible >ermittivité	polarisation par un condensateur, champ électrique intermédiaire ; courant induit par polarisation
5	Ferroélectrique ;	Non polaire	Transition de second ordre ;
6	Ferromagnétique ; petit	Non magnétique	Transition de second ordre ;
7	Non polaire ; non magnétique	Non polaire ; non magnétique	Moteur à mémoire de forme Générateur de courant ; biaisé

Tableau 1

Dans tous les cas ci-dessus, il faut veiller à la réversibilité et à une faible hystérésis. L'alliage multiferroïque examiné dans cet article utilise une grande différence d'aimantation entre les deux phases. Une autre solution consisterait à transformer des phases ayant pratiquement la même magnétisation mais une anisotropie magnétique différente, comme l'alliage Ni_2MnGa. Dans ce cas, un champ appliqué soigneusement réglé ferait facilement tourner l'aimantation dans la phase austénitique mais pas dans l'autre, ce qui entraînerait un changement important du moment magnétique au cours de la transformation.

CHAPITRE 3
3.1 DISPOSITIF EXPÉRIMENTAL
3.2 Introduction

Grâce à la recherche expérimentale, j'ai conçu, modélisé et simulé un cycle optimal de production d'énergie géothermique qui utilise la chaleur de la vapeur sortant d'un puits géothermique non commercial pour produire de l'énergie verte.

<u>Paramètres expérimentaux</u>

Diamètre de l'alliage (Ni45Co5Mn40Sn10) D =

10cm Nombre de tours dans la bobine (cuivre) =1000

Rayon moyen de la bobine =14.25mm

Longueur de la bobine = 8m

Étapes de la conception

J'ai conçu un alliage multiferroïque Ni45Co5Mn40Sn10 avec des cavités intérieures incurvées pour permettre à la vapeur chaude d'entrer et de sortir, comme le montre la **figure 2** ci-dessus. Les cavités de vapeur à l'intérieur de l'alliage sont conçues avec des courbes successives pour permettre une surface maximale d'absorption de la chaleur.

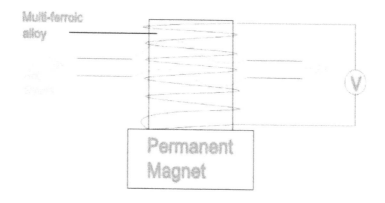

Figure 2

- Fixer de manière appropriée l'alliage à proximité de l'aimant permanent à terres rares pour le polariser.
- Entourez l'alliage d'une bobine, puis connectez la bobine à un voltmètre.
- Laisser passer de la vapeur d'eau chaude à 50^0 C à travers l'alliage en continu et noter les données suivantes

la valeur de la tension toutes les cinq secondes.

- Refroidir l'alliage à l'air et enregistrer les valeurs de tension toutes les cinq secondes.

- Déterminer la plage de température pendant le refroidissement et le chauffage qui permet d'obtenir la puissance maximale. Notez l'heure périodique à laquelle la puissance est maximale, puis répétez les opérations de chauffage et de refroidissement tout en maintenant la période optimale qui permet d'obtenir la puissance maximale.

- Tracer un graphique de la tension en fonction du temps pour le modèle optimisé et déterminer la tension maximale enregistrée et l'ampleur du courant à travers la bobine.

3.2 Méthodes de collecte des données

· **Expériences** visant à déterminer la tension de sortie en fonction de la température et de la durée.

· **Technologie informatique et Internet** pour modéliser et simuler la tension de sortie de l'alliage dans une véritable centrale géothermique.

ÉQUIPEMENTS UTILISÉS

· Un voltmètre pour mesurer la tension

· Un thermomètre pour mesurer la température

· Un réchauffeur électrique pour chauffer l'eau à la vapeur

· Un chronomètre pour mesurer le temps

4.1 RÉSULTATS DE LA RECHERCHE ET DISCUSSIONS

4.2 Production des alliages pendant le chauffage

RÉSULTATS EXPÉRIMENTAUX LORS DU CHAUFFAGE DE L'ALLIAGE

Lorsque l'alliage est chauffé, il commence à se transformer de la phase martensitique non magnétique à la phase austénitique. Au départ, aucun courant n'est enregistré car la variation de l'intensité du champ magnétique n'est pas suffisante pour induire un courant dans la bobine. Après 15 secondes, la variation de l'intensité du champ magnétique est suffisante pour induire un courant dans la bobine. À 100^0 C, l'alliage est complètement ferromagnétique et il n'y a donc aucun changement dans l'intensité du champ magnétique et aucun courant n'est induit dans la bobine.

Durée(s)	0	5	10	15	20	25	30	35	40
Température de l'alliage	25	30	35	40	45	50	55	60	65
Tension (V)	0.0	0.0	0.0	0.10	0.20	0.30	0.40	0.50	0.60
Durée(s)		45	50	55	60	65	70	75	
Température de l'alliage		70	75	80	85	90	95	100	
Tension (V)		0.70	0.80	0.81	0.70	0.40	0.10	0.0	

Tableau 2a.

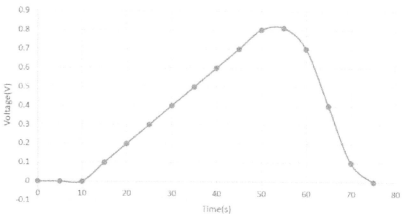

Fig la. UN GRAPHIQUE DE LA TENSION EN FONCTION DU TEMPS LORS DU CHAUFFAGE DE L'ALLIAGE

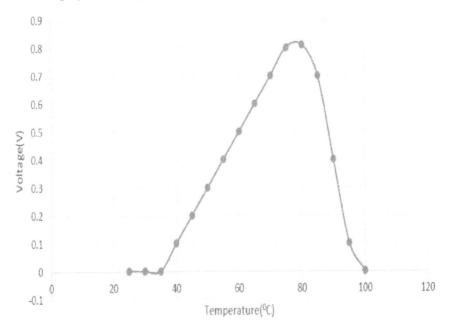

Fig. 1b. GRAPHIQUE DE LA TENSION EN FONCTION DE LA
TEMPÉRATURE LORS DU CHAUFFAGE L'ALLIAGE.

28

RÉSULTATS EXPÉRIMENTAUX LORS DU REFROIDISSEMENT DE L'ALLIAGE

Lorsque l'alliage est refroidi, il commence à se transformer d'une phase austenite magnétique en une phase martensitique non magnétique ( ). Au départ, aucun courant n'est enregistré car le changement d'intensité du champ magnétique n'est pas suffisant pour induire un courant dans la bobine. Après 5 secondes, le changement d'intensité du champ magnétique est suffisant pour induire un courant dans la bobine. À 36,4° C, l'alliage est totalement non ferromagnétique, il n'y a donc aucun changement dans l'intensité du champ magnétique et aucun courant n'est induit dans la bobine.

4.3 La production de l'alliage pendant le refroidissement

Durée(s)	0	5	10	15	20	25	30	35	40
Température de l'alliage	100	95	89.8	85.7	81	75.3	70.5	65.8	61
Tension (V)	0.0	0.1	0.41	0.70	0.80	0.77	0.68	0.59	0.47
Durée(s)		45	50	55	60	65	70	75	
Température de l'alliage		56.1	51.0	46.2	41.3	36.4	31.3	26.7	
Tension (V)		0.39	0.28	0.19	0.1	0.0	0.0	0.0	

Tableau 2b.

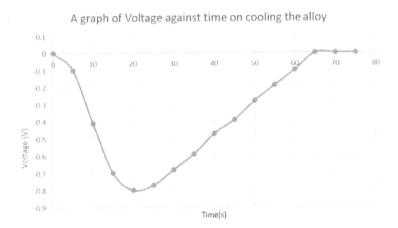

Fig 1c. AGRAPHE DE LA TENSION EN FONCTION DU TEMPS LORS DU REFROIDISSEMENT DE L'ALLIAGE

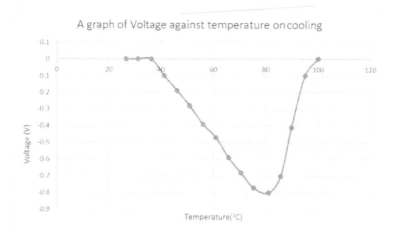

Fig 1d. GRAPHIQUE DE LA TENSION EN FONCTION DE LA TEMPÉRATURE LORS DU REFROIDISSEMENT L'ALLIAGE.

CHAPITRE 5
5.1 DISCUSSIONS SUR LES RÉSULTATS
5.2 Introduction

Lorsque la vapeur traverse l'alliage multiferroïque, l'énergie thermique est absorbée par l'alliage et la température de l'alliage augmente. L'alliage passe de la phase austénite, non ferromagnétique, à la phase martensite, hautement ferromagnétique. L'aimantation moyenne **M** augmente dans l'alliage, ce qui entraîne une augmentation du taux de variation de l'aimantation dM/dt. L'aimant permanent empêche la démagnétisation et fournit les champs magnétiques.

Au fur et à mesure que la température de l'alliage augmente, le moment magnétique de l'alliage continue d'augmenter. Ce changement continu dans les champs magnétiques provoque un mouvement relatif entre les champs et la bobine et induit donc un courant dans la bobine. L'induction maximale se produit à une température de **800C.** Au-delà de **950°C**, la phase de l'alliage est complètement ferromagnétique (saturée) et il n'y a plus de fluctuation de la quantité de mouvement du champ magnétique. Aucun courant n'est donc induit dans la bobine.

La force électromotrice de polarité opposée est obtenue en refroidissant l'alliage. Pour ce faire, on ferme la vanne de vapeur qui laisse pénétrer la vapeur dans l'alliage. On laisse ensuite l'air atmosphérique refroidir l'alliage.

Pendant le refroidissement, la phase austénitique commence à se transformer en martensite. Le moment magnétique diminue progressivement à partir du pic, créant ainsi un mouvement relatif entre la bobine et le champ magnétique. Cela induit un courant dans la bobine. En dessous de **41,3⁰** C, la phase de l'alliage est totalement non ferromagnétique (martensite) et aucun courant n'est donc induit dans la bobine.

Une conception optimisée fait varier la température entre **95⁰** C et **45⁰** C afin de produire une puissance maximale. Les graphiques de la température de l'alliage en fonction du temps de chauffage et de refroidissement dans la revue de la littérature suggèrent que les processus de chauffage et de refroidissement sont uniquement fonction du temps. Les processus sont hautement réversibles en raison d'une faible hystérésis. Les graphiques pour le chauffage et le refroidissement ont pratiquement la même forme pour l'alliage, mais les courbes vont dans des directions opposées.

D'après les résultats obtenus expérimentalement, il faut environ 60 secondes pour chauffer l'alliage de 45^0 C à 95^0 C et 60 secondes pour refroidir l'alliage de 95^0 C à 45^0 C. C'est-à-dire de 10th secondes à 70th secondes de chauffage et de refroidissement. Pour obtenir un rendement maximal, l'alliage est d'abord chauffé à 95^0 C pendant 70 secondes, puis refroidi et réchauffé périodiquement à un intervalle de 60 secondes. La vapeur est donc fournie

à l'alliage pendant une minute, puis la vanne d'entrée de la vapeur se ferme

et la vanne de sortie de la vapeur s'ouvre pour évacuer la vapeur et permettre

à l'air atmosphérique de refroidir l'alliage.

5.2 La tension de sortie pour le chauffage et le refroidissement à un

intervalle de 60 secondes est indiquée ci-dessous :

Durée(s)	10	15	20	25	30	35	40	45	50	55	60	65	70
Tension (	0	0.1	0.2	0.3	0.4	0.5	0.6	0.7	0.8	0.81	0.7	0.4	0.1

L'heure	75	80	85	90	95	100	105	110	115	120	125
Volt	-00.1	-0.41	-0.70	-0.8	-0.77	-0.68	-0.59	-0.47	-0.39	-0.28	-0.19

Tableau 3.

GRAPHIQUE 3. GRAPHIQUE DE LA TENSION EN FONCTION DU TEMPS PENDANT
CHAUFFAGE À LA VAPEUR ET REFROIDISSEMENT À L'AIR.

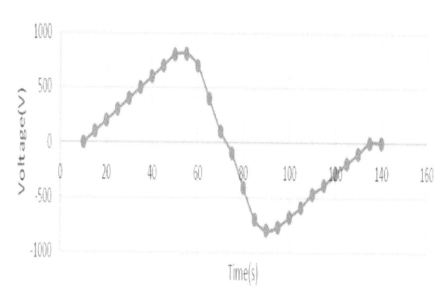

An optimized output of the alloy for a diameter of ten metres

L'ouverture et la fermeture des vannes de vapeur sont programmées de telle sorte qu'elles laissent passer la vapeur pendant une minute, puis se ferment pour couper l'alimentation en vapeur et permettre à l'alliage de refroidir, comme le montre la figure 3 ci-dessous.

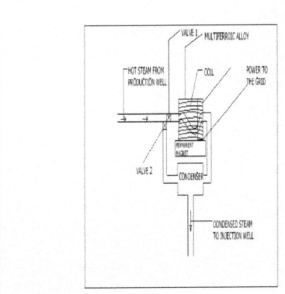

Figure 3. Les vannes I et 2 qui contrôlent le chauffage et le refroidissement de l'alliage ;

V1 = vanne 1

V2 = Soupape 2

V3 = Valve 3

On laisse la vapeur traverser l'alliage jusqu'à ce qu'elle atteigne une température de 95^0 C. La vanne 1 (V1) se ferme alors, tandis que les vannes 2 et 3 s'ouvrent pendant 60 secondes. La vanne 1 (V1) se ferme alors tandis que les vannes 2 et 3 s'ouvrent pendant 60 secondes, ce qui empêche la vapeur de pénétrer dans l'alliage et lui permet de se refroidir par convection et conduction naturelles. Après soixante secondes, les vannes 2 et 3 se ferment tandis que la vanne 1 s'ouvre à nouveau pendant soixante secondes pour permettre à la vapeur de réchauffer l'alliage. Le chauffage et le refroidissement périodiques de l'alliage sont donc réalisés par l'ouverture et la fermeture contrôlées des vannes de vapeur.

La relation dipolaire entre l'**aimantation M,** l'induction **magnétique B** et le champ **magnétique H** est donnée par la formule suivante ;

B = H + 4πM

D'après l'équation ci-dessus, le taux d'induction magnétique dB/dt est non nul.

Selon la loi de Faradays, la variation de l'induction magnétique à travers un conducteur induit une force électromotrice **E** dans le conducteur. Cette force peut être exprimée mathématiquement comme suit

curlE = -1/c x dB/dt

Où c est la vitesse de la lumière

Pour une susceptibilité supposée x(t) et un facteur de démagnétisation axiale $0 < \delta < 4\pi$, on obtient l'équation différentielle suivante pour le courant induit

$\{[4\pi N(1 + (4\pi - \delta)X(t)]/ c^2$ Leff$\}$ I'(t) + [8rc /d^2 σ + R/N + $4\pi AN(4\pi-\delta)/c^2$ Leff] I(t)

+ [A$(4\pi-\delta)$X'(t)hO]/c = 0 Où A est la surface de la section transversale supposée être $\pi D^2 /4$

D= diamètre de l'alliage =100mm

N= nombre de tours dans la bobine

=2000

σ= conductivité électrique du fil de cuivre= 5,4

x 10^{17} /s d= diamètre du fil

R= résistance externe = 10k ohm

h0= magnitude du champ magnétique appliqué

champ Leff= longueur effective de la bobine

Si l'on considère le cas où la susceptibilité est linéaire dans le temps

$X(t) = (t/t1) Xa + (t1-t)/t1)Xm$ où Xm est la susceptibilité de la martensite,

l'équation différentielle peut être simplifiée comme suit :

$(C1t + C2)I'(t) + C3 I(t) + C4 = 0$

Où

$C1 = [4\pi AN (4\pi-\delta)(Xa-Xm)]/c^2$ Leff $C2 = [4\pi AN (1 + (4\pi-\delta)Xm)]/ c^2$ Leff

$C3 = 8rc/\sigma d2 + R/N + [4\pi (4\pi-\delta) AN (Xa-Xm)]/c^2$ Leff $C4 = [(4\pi-\delta) A (Xa-Xm) h0]/ct1$

La solution générale devient

$I(t) = (I0+C4/C3)(1 + C1t/C2)^{-C3/C1} - C4/C3$

Cette solution présente une solution transitoire de courte durée suivie par

la valeur de saturation $I(t) = -C4/C3$ qui donne un champ arrière constant

qui s'oppose au champ dû à l'aimant permanent.

Le chauffage rapide par la transformation de phase favorise un champ

arrière important et le couplage avec la magnétisation importante permet d'obtenir une puissance de sortie plus élevée.

5.3 Spécifications recommandées pour la conception d'une centrale géothermique réelle

Pour une centrale électrique actuelle, un seul alliage de 5 m de diamètre, un diamètre d'entrée de vapeur de 0,5 à 1 m et 5000 à 10000 tours de bobine sont économiques pour une utilisation maximale de la chaleur perdue de la vapeur. Cette solution est économiquement viable pour les puits géothermiques de taille moyenne.

Il est également possible d'installer en série plusieurs unités plus petites d'un mètre de diamètre lorsque la quantité de vapeur provenant de la turbine est insuffisante. La production de chaque unité peut alors être combinée pour produire un rendement important. Cette solution convient aux puits géothermiques de petite et moyenne taille.

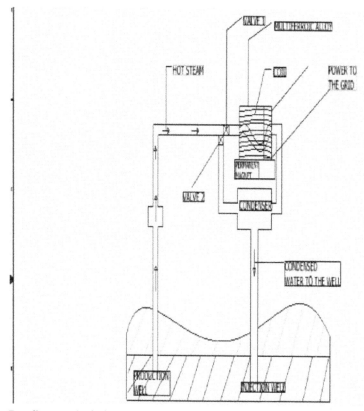

La **figure 4** ci-dessous montre la conception qui incorpore l'alliage dans le puits géothermique non commercial.

La simulation d'un modèle optimisé qui combine les processus de chauffage et de refroidissement à un temps périodique de 60s, avec un diamètre d'alliage de 10m et 10000 tours de bobine, produit 800V avec un courant de 1000 Ampères. Le temps de transformation est de 5 s avec une susceptibilité moyenne de l'austénite de 0,1 emu cm^{-3} Oe^{-1} . La sortie de la tension à différents moments est indiquée dans le **tableau 4** ci-dessous.

5.4 Tension de sortie pour un modèle optimisé d'alliage de 5 m de diamètre

Durée(s)	10	15	20	25	30	35	40	45	50	55	60	65	70
Tension (	0	100	200	300	400	500	600	700	800	810	700	400	100

Temps(S)	75	80	85	90	95	100	105	110	115	120	125
Tension (v)	-100	-410	-700	-800	-770	-680	-590	-470	-390	280	-190

Tableau 4

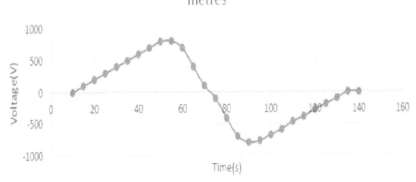

An optimized output of the alloy for a diameter of ten metres

Graphique 3

La puissance produite = Tension (V) x courant (A)

= 800V x 1000A = **800 000Watts**

En supposant un facteur de puissance de 0,8,

Puissance nette produite avec un facteur de puissance de 0,8 = 800000 x 0,8 =

640 000Watts = **640kw**

L'utilisation de 24 bobines séparées autour de l'alliage pour augmenter la

fréquence de production d'énergie permet d'obtenir une puissance totale

de:-

640 x 24 = 15360kw = **15,36 MW**

En supposant des pertes par hystérésis de 2 %, on obtient une puissance nette de **15 MW.**

La puissance qui peut être produite à partir de la chaleur résiduelle en kilowattheures par an est donnée par : - 15 000 kW x (365 x 24) heures = **131 400 000 kWh.**

Au Kenya, la consommation moyenne d'électricité dans les zones urbaines est de **2501 kWh par** ménage.

Le système peut donc desservir environ 131 400 000/2501 = **52 539** personnes au Kenya.

CHAPITRE 6
Conclusions

Un puits géothermique rejeté peut produire une puissance de **15 MW** grâce à l'adoption de cette nouvelle technologie de conversion de la chaleur résiduelle en électricité. Cela peut contribuer à réduire l'énorme pénurie d'énergie dans les pays en développement et constituer un moteur économique clé pour le développement industriel.

Si l'on considère l'efficacité comme le rapport entre le travail fourni et l'apport de chaleur, l'efficacité de la production d'énergie est améliorée car la chaleur de la vapeur, qui est autrement gaspillée, est convertie en travail productif. La technologie qui implique la conversion de la chaleur perdue en électricité devrait être considérée comme l'avenir de l'industrie géothermique afin de minimiser le gaspillage et d'améliorer l'efficacité de la production d'énergie.

Références

1. B.D.Cullity, An introduction to Magnetic materials, Addison-Wesley 1972.

2. R. Ramesh, N.A. Spaldin, Nat. Mater. 2007, 6, 21.

3. D.T. Crane, J.W. LaGrandeur, F. Harris, L.E. Bell, J. of Electronic Materials 2009, 38, 1375.

4. Marlow Industries, Fiche technique (préliminaire), TG 12-8 Générateur thermoélectrique.

5. K. Bhattacharya, Microstructure of Martensite. Oxford University Press 2003.

6. K. Bhattacharya, S. Conti, G.Zanzotto, J.Zimmer, Nature 2004, 428, 55.

7. K. Bhattacharya, R.D. James, Science 2005, 79,159.

8. N.A. Spaidin, M. Fiebig, Science 2005, 309,391.

9. V. Srivastava, X. Chen, R.D. James, Appl. Phys. Lett.2010.

10. G.J. Snyder, E.S. Toberer, Nature Materials 2008, 7 105.